AF602658

CATALOGUE

DE LA

LIBRAIRIE AGRICOLE

DE

LA MAISON RUSTIQUE

RUE JACOB, 26, A PARIS

PAR ORDRE DE MATIÈRES ET NOMS D'AUTEURS

MAI 1872

CE CATALOGUE ANNULLE LES CATALOGUES PRÉCÉDENTS

Toute commande de livres doit être accompagnée du montant de sa valeur en un bon de poste ou mandat sur Paris

DÉSIGNATION DU CATALOGUE

AVIS IMPORTANT

Toute commande de livres publiés à Paris, si elle est faite par un abonné du *Journal d'agriculture pratique*, de la *Revue horticole* ou de la *Gazette du village*, et accompagnée du prix de ces livres en un mandat sur Paris, ou, ce qui est plus sûr, en un bon de poste dont on garde la souche, qui sert de quittance, est expédiée sur tous les points de la *France*, de l'*Algérie*, de l'*Italie*, de la *Belgique* et de la *Suisse*, *franco*, au prix marqué dans les catalogues, c'est-à-dire au même prix qu'à Paris.

Les commandes de plus de 50 francs, faites dans les mêmes conditions, sont expédiées *franco* et sous déduction d'une *remise de dix pour cent.*

Quel que soit le chiffre de la commande, la remise est toujours de *dix pour cent* pour les abonnés, lorsque, au lieu d'expédier par la poste les ouvrages demandés, la *Librairie agricole* les livre au comptant à Paris.

Le catalogue de la *Librairie agricole* est expédié *franco* à toute personne qui en fait la demande *franco*.

On ne reçoit que les lettres affranchies.

MAISON RUSTIQUE DU XIXᴱ SIÈCLE

CINQ VOLUMES GRAND IN-8 A DEUX COLONNES

ÉQUIVALANT A 25 VOLUMES IN-8 ORDINAIRES, AVEC 2,500 GRAVURES

REPRÉSENTANT

LES INSTRUMENTS, MACHINES, ANIMAUX, ARBRES, PLANTES, SERRES
BATIMENTS RURAUX, ETC.

PUBLIÉS SOUS LA DIRECTION DE

MM. BAILLY, BIXIO ET MALPEYRE

TABLE DES PRINCIPAUX CHAPITRES DE L'OUVRAGE

TOME Iᵉʳ. — AGRICULTURE PROPREMENT DITE

Climat. Sol et sous-sol. Amendements. Engrais Défrichement. Desséchement.	Labours. Ensemencements. Arrosements. Irrigations. Récoltes. Clôtures.	Conservation des récoltes. Voies de communication. Céréales. Légumineuses.	Plantes-racines. Plantes fourragères. Maladies des végétaux. Animaux et insectes nuisibles.

TOME II. — CULTURES INDUSTRIELLES, ANIMAUX DOMESTIQUES

Plantes oléagineuses. Plantes textiles. — économiques. — potagères. — médicinales. — aromatiques. — tinctoriales.	Houblon. Mûrier. Arbres : olivier. — noyer. — de bordures. — de vergers. Animaux domestiques.	Pharmacie vétérinaire. Maladies des animaux. Anatomie. Physiologie. Elevage et engraissement.	Cheval, âne, mulet. Races bovines. Races ovines. Races porcines. Basse-cour. Lapin, pigeon. Chiens.

TOME III. — ARTS AGRICOLES

Lait, beurre, fromage. Incubation artificielle. Conservation des viandes.	Laine. Vers à soie. Abeilles. Vins, eaux-de-vie. Cidres, vinaigres. Sucre de betterave.	Lin, chanvre. Fécule. Huiles. Charbon, tourbe. Potasse, soude.	Résines. Meunerie. Boulangerie. Sels. Chaux, cendres.

TOME IV. — FORÊTS, ÉTANGS; ADMINISTRATION; CONSTRUCTION

Pépinières. Arbres forestiers. Culture des forêts. Exploitation. Abatage. Estimation. — Pêche, Etangs.	Empoissonnement. Législation rurale. Droits de propriété. Bail, Cheptel. Biens communaux. Police rurale. Aménagement. Plantation.	Administration. Choix d'un domaine. Estimation. Acquisition. Location. Améliorations. Capital. Personnel.	Constructions. Attelages. Mobilier. Bétail, engrais. Systèmes de culture. Ventes et achats. Comptabilité.

TOME V. — HORTICULTURE

Terrain, engrais. Outils, paillassons. Couches, bâches. Terres. Orangerie.	Semis, greffes. Pépinières. Taille. Arbres à fruits. Légumes.	Jardin fruitier. — fleuriste. — potager. Culture forcée. Fleurs.	Plans de jardins. Calendrier du Jardinier. — du forestier. — du magnanier.

Prix des 5 volumes (ouvrage complet). . . . . 39 fr. 50
Chaque volume pris séparément. . . . . 9 fr. »

Il n'y a pas d'agriculteur éclairé, pas de propriétaire qui ne consulte assidûment la *Maison rustique du dix-neuvième siècle;* ce livre, qui est encore l'expression la plus complète de la science agricole pour notre époque, peut former à lui seul la bibliothèque du cultivateur. 2,500 gravures réparties dans le texte parlent aux yeux et donnent aux descriptions une grande clarté.

AGRICULTURE — ÉCONOMIE RURALE

ALMANACH.

Almanach du Cultivateur, par les Rédacteurs de la *Maison rustique*. 192 pages in-18 et nombreuses gravures . . . . » 50

Une nouvelle édition de cet almanach est publiée chaque année.

ANNALES.

Annales de l'Institut agronomique de Versailles. 1 vol. in-4 de 418 pages avec 4 planches. 3 50

ANNUAIRE.

Comptes rendus des travaux de la Société des agriculteurs de France (Session générale de décembre 1868). Annuaire de 1869. 1 vol in-8, 571 p.. . . . . 6 »

BERTIN.

Chemins vicinaux (Des). In-8 de 111 p. . . . . 1 »

Statistique des subsistances (De la). 1 v. in-12 de 96 p. » 50

BEZENVAL (DE).

Observations pratiques sur un moyen économique d'assainissement des terres en culture et résultats du système. Brochure in-8, 8 pages. 0 25

BODIN.

Agriculture (Éléments d'). 4e édit. 1 vol. in-18 de 360 p. 1 75

BON FERMIER (LE).

Bon Fermier (Le). Aide-mémoire du Cultivateur, par Barral, et pour **la Revue agricole de 1870-71**, par de Céris, Gayot, Grandeau, Grandvoinnet, Heuzé, Liébert, Marié Davy, etc. 1 volume in-12 de 1,495 pages et 100 gravures. . . . . 7 »

Une nouvelle édition du *Bon Fermier* est publiée tous les ans, avec revue de l'année écoulée et addition des nouveautés.

BONNIER.

De l'assistance publique. 1 vol. in-8 de 224 p. . . . . . . 3 »

Monographies agricoles. 1 vol. in-12 de 168 p.. . . . . . . 1 25

BORIE (Victor).

Agriculture et liberté. 1 vol. in-8 de 189 pages. . . . . 4 »

Calendrier agricole (LES DOUZE MOIS). 1 vol. in-8 à 2 colonnes de 380 pages et 95 gravures. 3 50

Question du Pot-au-feu. Organisation du commerce des viandes. In-8 de 47 pages. . . . . 1 »

Travaux des champs. (Bibl. du Cultiv.) 188 p. et 121 grav. 1 25

BOST.

Table décennale du Correspondant des justices de paix et des tribunaux de simple police. 1 vol. in-8 de 184 p. 4 »

BOUTET.

Question des laines. La liberté et la protection. 41 p. in-18. » 50

BRAY (DE).

Question des sucres. Résumé des opinions. In-8. 23 pages. » 50

BRETON.

Assistance publique (L') et la bienfaisance au dix-neuvième siècle. 1 vol. in-8 de 160 pages. 2 50

Économie agricole. Organisation du crédit agricole dans l'intérêt public. In-8, 100 p. 1 25

Moyens de prévenir la pénurie des grains. Br. in-18. » 50

Défrichement (Manuel théorique et pratique du). 1 v. in-8 de 400 pages. . . . . 4 »

Crises agricoles (Les) dans l'abondance et la pénurie des grains. 1 brochure in-18 de 40 p. 3ᵉ édit. . . . . » 50

BUJAULT (Jacques).

OEuvres de Jacques Bujault. 3ᵉ édition. 1 vol. in-8 de 540 pages et 33 gravures. . . . . 6 »

CANTONI.

Les produits de l'Agriculture du Piémont, de la Lombardie et de la Vénetie à l'Exposition universelle de 1867. In-4, 28 pages. . . . . 2 »

CARPENTIER.

Enseignement agricole (Entretien sur l') en France, 1 brochure. . . . . » 40

CONGRÈS.

Comptes rendus des travaux du Congrès agricole libre, tenu à Nancy les 23, 24, 25 et 26 juin 1869, sous la présidence de S. Exc. M. Drouyn de Lhuys, président de la Société des agriculteurs de France. 1 vol. grand in-8, 276 p. et 6 pl. . . . . 5 fr.

Comptes rendus des travaux du Congrès agricole de Lyon. Séances des 21, 22, 23 et 24 avril 1869. 1 vol. in-8, 344 p. 5 fr.

DAMOURETTE.

Calendrier du métayer. 1 vol. in-12. (Bibl. du Cultiv.). . 1 25

DELAGARDE.

Le pain moins cher et plus nourrissant. 1 vol in-12. 262 pages.. . . . . 3 »

DESTREMX DE SAINT-CRISTOL.

Agriculture méridionale. Le Gard et l'Ardèche. 1 vol. in-8 de 407 pages.. . . . . 3 50

DOMBASLE (DE).

Calendrier du Bon Cultivateur. 10ᵉ édition. 1 vol. in-12 de 872 pages et 5 planches. 4 75

Abrégé du calendrier du bon cultivateur ou manuel de l'Agriculteur praticien. 1 vol. in-12. 280 p.. . . . . 1 50

Extrait de l'abrégé du Calendrier du cultivateur. In-12, 98 p. . . . . » 60

Agriculture (Traité d'). 5 vol. in-8. . . . . 30 »

Annales de Roville. 9 vol. in-8. . . . . 61 50

Écoles d'arts et métiers. 1 br. in-18 de 106 pages. . . 1 »

Économie politique et agricole. 1 vol. in-18 de 194 p. 1 50

DOYÈRE.

Alucite des céréales, ses ravages et moyens de les faire cesser. 110 pages in-4, gravures et 3 planches. 3 50

Ensilage. In-8 de 48 pages. . . . . » 75

Dralet.

Taupier (Art du). 16e édition. In-12 de 66 pag. . . . . . 1 »

Dreuille (De).

Métayage (Du) et des moyens de le remplacer. 1 v. in-18 de 104 p. 1 »

Dugué.

Comptabilité agricole (Notions pratiques de). 1 brochure in-8 de 32 pages. . . . . 1 »

Durand.

Cadastre (Le). Sa réorganisation au profit de l'agriculture et de l'État. Br. in-12 de 64 pages. 1 fr.

Durrieux.

Monographie du paysan du département du Gers. 1 vol. in-18 de 260 pages. 3 50

Emion (V.).

Taxe (La) du pain, avec préface par V. Borie. In-8 de 108 p. 4 »

Enquête.

Agriculture française (Enquête sur l'), par une Réunion de députés. 1 vol. in-8 de 244 pages. 2 50

Erath.

Houblon, par Erath, traduit par Nicklès. (Bibl. du Cultiv.) 136 pages et 22 gravures. 1 25

Falloux (Comte De).

Dix ans d'agriculture. Brochure in-8, 47 pages. . . . . 1 »

Flaxland.

L'agriculture à l'Exposition universelle de 1867. In-8, 28 pages. . . . . 1 »

Frilet.

Igname de la Chine (Notice sur la pomme de terre et l'). In-8 de 24 pages . . . . » 50

Gasparin (De).

Agriculture (Cours d'), par de Gasparin, membre de l'Académie des sciences, ancien ministre de l'agriculture. 6 vol. in-8 et 233 gr. . 39 50

Fermage (estimation, baux, etc.) (Bibl. du Cult.) 3e éd. 216 p. 1 25

Métayage. (Bibl. du Cult.) 2e édit. 166 pages. 1 25

Safran (Culture du). 33 p. in-8. . . . . » 75

Gaucheron.

Économie agricole (Cours d') et de culture usuelle. 2 vol. in-18. . . . . 2 50

Nouveau cours d'agriculture pratique. 2 vol. in-12. 2 50

Girardin (J.).

Agriculture (Mélanges d'). 2 vol. in-12. . . . . 5 »

Gourcy (De).

Voyage agricole en France, Allemagne, Hongrie, Bohême, Belgique. 1 vol. in-12 de 432 pages. 3 50

Grandeau (L.).

Stations agronomiques et laboratoires agricoles. Instructions sur le but, l'organisation, l'installation, le budget et les travaux de ces établissements. 1 vol. in-18. 12 fig., 136 p. (Bibl. du Cultiv.) 1 25

Grandeau (L.) et Schlœsing.

Le tabac, moyens d'améliorer sa culture. 1 vol. in-18. (Bibl. du Cultivateur. 1 25

Grousseau (De).

Comices (Manuel des). 1 br. in-32 de 50 p. . . . . » 15

Guillon.

Agriculture provençale (Essai d'un traité d'). 2 vol. in-18, ensemble de 300 pages. 5 »

Agriculture provençale (Vade mecum de l'). 1 vol. in-18, de 136 pages . . . . 2 »

Catéchisme de l'agriculteur provençal. In-18 de 52 p. 1 »

Gustave (D.)

Hanneton. Ses ravages, moyen de le détruire. 1 br. in-8 de 16 p. » 75

Havrincourt (Marquis d').

Notice sur le domaine d'Havrincourt. 1 v. in-8, 200 p.; 31 gravures, 2 plans coloriés. . . . . 15 »

Hecquet d'Orval.

Destruction (De la) des insectes nuisibles aux récoltes. In-8, 37 p. . . . . 1 »

Destruction (De la) des vers blancs par la jachère. 2e édit., in-8, 29 p. . . . . » 80

Heuzé.

Agriculture au moyen âge (De l'influence exercée par les croisades sur l'). Br. in-8 de 23 p. . . . . » 50

Assolements et systèmes de culture. 1 vol. in-8 de 536 p., avec nombreuses gravures sur bois. . . . . 9 »

Plantes oléagineuses. 1 vol. in-12, 180, p. nombr. grav. (Bibl. du Cult.). 1 25

Fumures et des étendues de fourrages (Formules des). 72 pages. (Bibl. du Cult.). 1 25

Pavot (Culture du). 1 vol in-18 de 44 pages. . . . . . . » 75

Plantes fourragères. 3e édition. 1 vol. in-8 de 582 p. avec 42 vignettes sur bois et 20 gravures coloriées.. . . . . 10 »

Plantes industrielles. 2 vol. in-8 de 896 pages, avec des vignettes sur bois et 20 gravures coloriées. . . . . 18 »

1re partie (épuisée). 2e partie : Plantes textiles, narcotiques, à sucre et à alcool, aromatiques et médicinales.. . . . . 9 fr.

Plantes alimentaires. 2 vol. in-8, avec atlas (sous presse).

Heuzé Paul.

Agriculteurs illustres (Les). 1 vol. in-12 de 128 p. 9 grav. (Bibl. du Cult.) 1 25

Hooïbrenk.

Fécondation artificielle des céréales. Br. in-8 de 24 p. » 50

Joigneaux.

Causeries sur l'agriculture et l'horticulture. 2e édit. 1 vol. in-18 de 403 pages. 3 50

Champs et prés (Les). (Bibl. du Cultiv.) 140 p. 1 25

Choux. Culture et emploi. (Bibl. du Cultiv.) 1 vol. in-18 de 180 p. et 14 gravures.. . . . . 1 25

Joubert.

Comptabilité agricole (Agenda de). In-4. . . . . 3 »

Joubert et Chevalier.

Agriculture (L') en Sologne. 1 vol. in-8, 298 pages. . . . . 4 »

KAINDLER.

Coton en Algérie (Culture du). Une br. in-18. . . . . 1 »

LABOURAGE (à vapeur, etc.).

Labourage (Du) à vapeur et des labours profonds en 1867. Résultats du concours international de Petit-Bourg. 1 vol. de 96 pages in-8 avec 14 gravures. . . . . 3 fr.

L. L.

Agriculture (L') et le libre échange devant l'enquête des agriculteurs de France; 20 pages in-8. . . . . » 75

LARTET.

Colline de Sansan. Récapitulation des espèces d'animaux vertébrés fossiles trouvés à Sansan. 48 p. in-8 et 1 planche. 1 25

LATERRADE.

Grêle (moyens d'en combattre les effets). 1 brochure in-8 de 64 pages 1 25

LAURENÇON.

Traité d'agriculture élémentaire et pratique à l'usage des écoles primaires. 2 vol. in-18 avec nombreuses gravures. . . 1 50
Chaque volume séparé. . . . . » 75

LAVELEYE.

Économie rurale (Essai sur l') de la Belgique. 1 vol. in-18 de 304 pages. 3 50

LAVERGNE.

Agriculture des terrains pauvres. 1 v. in-18 de 200 p. 3 »

LAVERGNE (DE).

Agriculture (L') et l'enquête. Br. de 48 pages. . . . 1 »

Agriculture et population. 1 vol. in-8 de 412 pages. . 3 50

Économie rurale de la France depuis 1789. 1 vol. in-12 de 490 pages. 3 50

Économie rurale (Essai sur l') de l'Angleterre, de l'Écosse et de l'Irlande. 5e édit. 1 vol. in-12. . . . . 3 50

LECOQ.

Plantes fourragères (Traité des). 2e édition. 1 vol. in-8 de 518 pages et 40 gravures. 7 50

LECOUTEUX (E.).

Agriculture (L') et les élections de 1863. 64 p. in-8. 1 »

Blé (La question du). Br. de 32 p. . . . . 1 »

Culture améliorante (Principes de la). 3e édition. 1 vol. In-12 de 400 pages. 3 50

La République et les Campagnes. Br. in-8 de 70 p. . 1 fr.

LEFEBVRE.

Maladie des pommes de terre. In-8 de 112 pages. . . . 1 50

LEFÈVRE (Émile).

Tous les oiseaux sont utiles. Leur destruction diminue la fortune publique. In-8, 72 p. . . . . » 75

LEFOUR.

Comptabilité et géométrie agricoles. (Bibl. du Cultiv.) 214 p. et 104 grav. 1 25

Culture générale et instruments aratoires. (Bibl. du Cultiv.) 1 vol. in-18 de 160 pages et 135 gravures. 1 25

Problèmes agricoles (300). 1 brochure in-18 de 36 p. » 50

LÉON.

Des droits sur les grains et des changements que comporte la législation des céréales. In-8, 27 pages. . . . . 1 »

LÉOUZON.

Enseignement agricole (Réforme de l'). In-8 de 28 p. 1 »

LEPLAY.

Sorgho sucré (Culture du) comme plante industrielle et comme plante fourragère. 36 pages in-8. . . . . 1 »

LEROY (A.).

Revue agricole illustrée. Guide du châtelain. In-4 de 148 pages, orné de nombreuses gravures. . . . . 5 »

LIEBIG (DE).

Lettres sur l'agriculture moderne, par le baron Justus de Liebig, traduites par le docteur Théodore Swarts. 1 vol. in-18 de 244 p. 3 50

LOUVEL.

Grains (Conservation des) au moyen du vide. . . . » 75

Grains et farines (Conservation des) au moyen du vide. 1 vol. in-18 de 172 pages. 2 50

LULLIN DE CHATEAUVIEUX.

Voyages agronomiques en France. 2 vol. in-8, ensemble 1031 pages. . . . . 10 »

LURIEU (DE) et ROMAND.

Colonies agricoles (Études sur les) de mendiants, jeunes détenus, orphelins et enfants trouvés de Hollande, Suisse, Belgique, France. 1 vol. in-8 de 462 pages. 7 50

MARTINELLI.

Comices (Appel aux). 32 pages in-8. . . . . » 50

MARTRES.

Agriculture (L') du département des Landes devant l'enquête, et son amélioration par la culture de la vigne et du pin. In-12 de 100 pages et table. . . . . » 75

MASURE.

Leçons élémentaires d'agriculture à l'usage des agriculteurs praticiens et destinées à l'enseignement agricole dans les écoles spéciales d'agriculture, dans les écoles normales primaires et dans les écoles communales.

Première partie : Les plantes de grande culture, leur organisation et leur alimentation. 1 vol. in-18 de 330 p. et 32 grav.. . . . . . . 3 50

Deuxième partie : Vie aérienne et vie souterraine des plantes agricoles. 1 vol. de 477 pages et 20 figures.. . . . . 3 50

L'ouvrage complet. . . . . 7 »

MÉHEUST (P.).

Économie rurale de la Bretagne. 1 vol. in-18 de 220 p. 2 50

MESNIL-MARIGNY (DU).

Céréales et la douane (Les). 1 vol. in-18 de 260 p. . 3 »

MIOT.

Les insectes auxiliaires et les insectes utiles. In-12. 101 p. 27 fig. . . . . » 75

MIDY.

Nouvelle manière de cultiver et de récolter les betteraves. 2e édition. In-8 de 48 pages. . . . . 1 »

MOLL.

Inondations (**Moyens de réparer les ravages des**). » 50

M. R.

Oïdium (**De l'**) de la maladie des pommes de terre et de tous les végétaux ; du choléra, de la maladie des vers à soie et de certains animaux. In-12, 20 p. . . . . » 75

PAPIER.

Tabacs en Algérie (**Question des**). In-8 de 88 p. . . . . 2 »

PATÉ (J.-B.).

Mes revers et mes succès en agriculture. In-8 de 126 p. 2 »

PÉPIN-LEHALLEUR.

Labourage à vapeur. Concours international de Roanne, rapport du jury. In-8 de 49 pages. . . . . » 50

PERNY (DE M.).

A B C de l'agriculture pratique et chimique. 4e édition. 1 vol. in-12, 360 p. 3 50

PERRET.

Agriculture (**L'**) **et l'Enseignement primaire.** In-8 de 23 p. » 60

PERRIN DE GRANDPRÉ.

Crédit agricole et caisse d'épargne. In-8 de 48 p. . 1 »

PESCHERARD DE FORCEVILLE.

Crédit hypothécaire du sol rural basé sur les principes du bon marché et du long terme, soit à 4 % et terme prolongé. 32 p. in-8. » 50

PETIT-LAFFITTE.

Tabac (**Culture du**). 104 pages in-12. . . . . 2 »

Terre arable (**La**) 1 vol. in-18 de 228 pages avec planches et figures. . . . . 2 »

PICHAT ET CASANOVA.

Question agricole en Dombes (**Examen de la**). In-8 de 72 p. et tableaux. 1 50

PONCE.

Traité d'agriculture pratique et d'économie rurale à l'usage des agriculteurs français. 1 vol. in-12. 278 p., 40 pl. 1 75

Dr POUPON.

Art (**L'**) de ramener la vie à bon marché, de prévenir les inondations et de créer des richesses incalculables. 1 vol. in-8, 253 p. . . . . 5 »

PRIMES D'HONNEUR.

Primes d'honneur (**Les**). Les médailles de spécialités et les prix d'honneur des fermes-écoles décernés dans les concours régionaux en 1868. 1 vol. gr. in-8 de 582 p., 19 pl. col., nomb. fig. dans le texte 20 »

RÉUNIONS, etc.

Réunions territoriales, création de chemins d'exploitation. Étude sur le morcellement en Lorraine, par F. P. 48 pages in-8. . » 75

RICARD.

Conservation des céréales. Détails explicatifs de deux procédés pour la destruction des charançons. In-32 de 36 pages . . . . . » 25

RIONDET.

Agriculture (**L'**) de la France méridionale, ce qu'elle a été, ce qu'elle est, ce qu'elle pourrait être. 1 vol. in-18 jésus de 360 p. . . . 3 50

Olivier (**L'**). In-18 jésus de 139 pages. (Bibl du Cultiv.) . . 1 25

Rochussen

Culture et fécondation artificielles des céréales, système Hooïbrenk. 1 v. in-8 de 54 pages, avec 3 pl. 1 50

Rondeau.

Crédit agricole (Projet de). 1 vol. in-18 de 236 p. . . . . 2 »

Royer.

Allemande (L'agriculture), ses écoles, son organisation, ses mœurs et ses pratiques. 1 vol. grand in-8 de 542 p. 7 50

Statistique agricole de la France en 1843. 1 vol. in-8 de 304 pages. . . . . 5 »

Saint-Aignan.

Crise agricole (La). Prise de loin et vue de haut. Broch. in-8. 1 »

Saint-Martin.

Crédit agricole (Du). In-8, 40 pages. . . . . 2 »

Saintoin-Leroy.

Comptabilité agricole (Cours complet de).

1° *Manuel de comptabilité agricole pratique*, en partie simple et en partie double, troisième édition, avec modèle des écritures d'une exploitation rurale pour une année entière. 1 vol. gr. in-8 et tableaux, de 192 p. . . . . 3 »

2° *Comptabilité-matières de l'agriculteur*, Complément du *Manuel de comptabilité agricole pratique*, suivie du *Livre du travail*, et d'une *Méthode abrégée de tenue des livres agricoles en partie simple*. 1 vol. gr. in-8 de 144 pages, avec nombreux tableaux. . . . . 4 »

3° *Comptabilité simplifiée, agricole et commerciale*, mise à la portée de la moyenne et de la petite culture, suivie de la *Comptabilité spéciale des marchands et des artisans*, à l'usage des écoles primaires de garçons et de filles. 1 vol. gr. in-8 et tableaux, de 96 pages. . . . . 2 »

Registres pour la grande et la moyenne culture.

Registre-Mémorial de l'Agriculteur (comptabilité-matières), réunion de tous les tableaux nécessaires à la constatation de tous les faits d'une exploitation rurale. 1 vol. gr. in-4 oblong. . . . . 3 »

Livre de caisse (comptabilité-espèces), registre en tableaux. 1 vol. grand in-4 oblong. 2 50

Journal, registre en blanc réglé et folioté. 1 vol. gr. in-4 oblong. 2 50

Grand-Livre, registre en blanc réglé et folioté. 1 vol. gr. in-4 oblong. . . 3 »

On peut joindre à ces registres des cahiers quadrillés pour la constatation journalière des travaux de main-d'œuvre, des attelages et de la nourriture du personnel.

1° Cahier quadrillé avec instruction et modèles de tableaux. 1 vol. petit in-4 oblong. . . . . 2 »

2° Cahier simplement quadrillé. 1 vol. petit in-4 oblong. 1 25

Agenda de poche du Cultivateur, petit cahier à joindre à tous les Agendas usuels, de 36 pages, format in-18 ; prix des dix exemplaires. 1 50

Comptabilité de la petite culture à l'aide d'un seul livre dit Mémorial-caisse, à l'usage de l'enseignement élémentaire de la comptabilité agricole dans les écoles primaires. In-4 oblong. 1 25

Registres pour la comptabilité simplifiée.

Registre unique du Cultivateur pour l'application de la Comptabilité simplifiée. 1 vol. petit in-4 oblong, de 100 pages. . . . . 2 »

Le même, moins fort, pour les écoles. . . . . » 60

Livre de caisse des Marchands. 1 vol. petit in-4 oblong. . . . . 2 »

Livre de caisse des Artisans. 1 vol. petit in-4 oblong. . . . . 2 »

Chaque volume ou registre se vend séparément.

Schlœsing et Grandeau (L.) Voy. Grandeau et Schlœsing.

Schwerz.

Agriculteur commençant (Manuel de l'), traduit par Villeroy. (Bibl. du Cultiv.). 5e édit. 332 pages. 1 25

SERS (Louis).

Enquête agricole (L') dans le département des Basses-Pyrénées, en 1866. 1 vol. in-8 de 93 pages 2 50

Souffrances de l'agriculture (Les) et les vices de son organisation devant la société et le droit commun. In-8, 48 pages. . . . 1 »

STOCKHARDT.

Ferme (La), Guide du jeune fermier. 2 vol. in-18 formant ensemble 616 pages. . . . . 7 »

TAPIÉ.

L'agriculture devant l'industrie. In-8, 16 p. . . . . » 50

THÉRON DE MONTAUGÉ.

Agriculture (L'), et les classes rurales dans le pays Toulousain, depuis le milieu du dix-huitième siècle. 1 vol. in-8 de 682 pages. 8 fr.

VIGNERAL (DE).

Agriculture (Manuel populaire d') à l'usage des cultivateurs d'Argentan. 92 pages in-8. . . . . 1 25

VILLE (Georges).

Maladie des pommes de terre. In-8 de 32 pages. . . . 1 »

La betterave et la législation des sucres. Conférence faite à Arras, le 30 mai 1868, à la demande de la Société d'agriculture. Br. gr. in-8, 42 p. et 2 pl. 1 25

Agriculture (L') par la science et par le crédit, conférence faite à la Sorbonne, le 7 janvier 1869. 1 vol. in-8, 43 pages. . . . . . . 1 »

La Production végétale. Conférences faites au champ d'expériences de Vincennes en 1864. 2e édition. 1 beau vol. in-8 de 460 pages. 7 50

ZWEIFEL.

Assistance publique (L'). In-8, 52 pages. . . . . 1 »

AMENDEMENTS, ENGRAIS, CHIMIE, PHYSIQUE, MÉTÉOROLOGIE

BORTIER.

Coquilles animalisées, leur emploi en agriculture. . 1 »

CARTIER (J.).

Sels alcalins (De l'emploi des) en agriculture. In-8 de 133 p. 2 »

COMPOSTS.

Composts, fumiers, plâtre (NOTICE SUR LES), employés comme engrais. Br. in-8. . . . . » 50

GRANDEAU.

Description sommaire et plan du champ d'expérience, établi sur la ferme-école de la Malgrange. In-8. 1 »

HEUZÉ.

Fumures et des étendues en fourrages (Formules des). 2e édition. 1 brochure in-18 de 68 pages. 1 25

Matières fertilisantes. 4e édition. 1 vol. in-8 de 708 p. 9 »

JAUFFRET.

Nouvelle méthode pour la fabrication économique des engrais. 1 br. in-8 de 56 p. et 1 pl. . . . . 3 »

LEFOUR.

Sol et engrais. (Bibl. du Cultiv.). 180 p. et 50 gr. 1 25

MARIÉ-DAVY.

Météorologie. Les mouvements de l'atmosphère et des mers, considérés au point de vue de la prévision du temps. 1 vol. grand in-8 avec 24 cartes coloriées et fig. dans le texte. . . . . 10 »

MÉGE-MOURIÈS.

Fabrication des acides gras propres à la fabrication des bougies et des savons. In-4 de 22 pages. . . . . 1 »

MÉMORIAL.

Mémorial du propriétaire améliorateur. Excellence, emploi et dosage des amendements calcaires. 1 vol. in-12 de 296 pages. 2 50

MÉRESSE.

Les marais salants de l'Ouest, leur passé, leur présent et leur avenir. In-12, 192 p., 2 tabl. et 1 carte.. . . . . 3 »

MEULENAERE (DE).

Les engrais chimiques et les terrains sabloneux des Flandres. 2 volumes in-8.. . . . . 4 »

1re PARTIE : Enquête faite au château de Welden en 1818 et 1869, par un paysan. In-8 de 94 pages. 1 50

2e PARTIE : Enquête faite au château de Welden, en 1870, par un paysan. In-8 de 168 pages. 2 50

OKORSKI.

Désinfection des villes. Engrais complet dit engrais atmosphérique. 1 brochure in-8, de 24 pages et 3 tableaux. . . . . 1 »

PETIT.

Les Engrais chimiques dans le Sud-Ouest. 1re année. Résultat de la campagne de 1869. In 8°, 102 p. . . . . 1 »

PIERRE (Isidore).

Chimie agricole. 5e édition. 2 vol. in-18. . . . . 7 »

Recherches analytiques sur la valeur comparée de plusieurs des principales variétés de betteraves. In-8 de 46 pages . . . . 1 »

PUVIS.

Amendements (Traité des). 1 vol. in-18 de 440 p. 3 50

SACC

Chimie du sol. 1 vol. in-18. (Bibliothèque du Cultivateur). 1 fr. 25

Chimie des végétaux. 1 vol. in-18. (Biblioth. du Cultiv.) 1 fr. 25

Chimie des animaux. 1 vol. in-18. (Biblioth. du Cultiv.) 1 fr. 25

SAINT-PIERRE.

Les engrais chimiques appliqués à la culture de la vigne. Brochure in-8. . . . . 1 »

STOCKHARDT.

Chimie usuelle appliquée à l'agriculture et à l'industrie. Trad. par Brustlein. 1 vol. in-18 de 524 p. et 225 grav. 4 50

VILLE (Georges).

Engrais chimiques (Les). 1er volume. Entretiens agricoles donnés au champ d'expériences de Vincennes dans la saison de 1867. 4e édition. 1 vol. in-18 jésus de 300 pages. Gravures et planches. 3 50

2e volume. Entretiens agricoles donnés au champ d'expériences de Vincennes dans la saison de 1868. 1 vol. in-18 jésus de 405 pag., gravures et planches.. . . . . 3 50

Recherches expérimentales sur la végétation. Mémoires et mélanges, t. Ier. 1 vol. gr. in-8 de 400 p. avec 3 pl. et gr. 15 »

La betterave et la législation des sucres. Br. grand in-8, 48 p. et 2 pl. 1 25

Ecole (L') des engrais chimiques. Premières notions de l'emploi des agents de fertilité. In-12, 100 pages et 1 pl. . . . . 1 »

Résultats obtenus en 1868 au moyen des engrais chimiques. Br. gr. in-8°. 75 p.. . . . . 2 »

Le même. Edition in-12 . . . . 1 »

La Production végétale. Conférences faites au champ d'expériences de Vincennes, en 1864. 2e édition. 1 beau vol. in-8 de 460 p. . 7 50

DRAINAGE—IRRIGATION—ÉTANGS—PISCICULTURE

Barral.

Drainage des terres arables. 2e édition. 2 vol. in-12 formant ensemble 960 pages et contenant 443 grav. et 9 pl. . . . . 7 »

Irrigations, engrais liquides et améliorations foncières permanentes. 1 v. in-12 de 790 p. et 120 grav. 7 50

Législation du drainage, des irrigations et autres améliorations foncières permanentes. 1 vol. in-12 de 664 pages.. . . . . . . 7 50

Benoit.

Drainage (Système de). In-8, 24 pages et 1 pl. . . . . . 1 »

Bertin.

Irrigations (Code des), suivi des rapports de MM. Dalloz et Passy, et de la législation étrangère, par Bertin, avocat, rédacteur en chef du journal *le Droit*. 1 vol. in-8 de 182 pages. . . . . 3 »

Bortier.

Desséchement des Moëres par **Cobergher en 1622**. Grand in-8, 8 p., portrait et plans.. . . . . 1 »

Delacroix.

Drainage (Faits de), débit des terres drainées, position des plans d'eau souterrains. 84 pages in-18 et 4 gravures. 1 25

Danilewski.

Coup d'œil sur les pêcheries en Russie. Gr. in-8 de 75 p. 1 50

Jeandel.

Inondations (Études expérimentales sur les). In-8 de 146 p. 2 50

Joigneaux.

Pisciculture et culture des eaux. 1 vol. in-18 de 360 pages et 61 gravures. 3 50

Lambot-Miraval.

Montagnes (moyens de les reverdir par l'irrigation et de prévenir les inondations). 66 pag. . . . . 2 »

Leclerc.

Drainage (Traité pratique de). 1 v. in-12 de 424 p. 130 gr. 3 50

Martin.

Code nouveau de la pêche fluviale. 1 vol in-18, 184 p. 1 50

Le même, annoté in-12, 300 p. . . . . 3 »

Midy.

Drainage (Le) et l'irrigation. 27 pages in-8. . . . . » 50

Monny de Mornay.

Irrigations en Italie et en Allemagne (Législation des). In-8 de 166 pages. 3 50

Mouls (l'abbé).

Huitres (Les). 1 v. in-18. . . . . 1 25

Muller (A.) et Villeroy (F.).

Manuel des irrigations. 2ᵉ édition revue et corrigée par les auteurs. 1 vol. in-12 de 263 pages et 123 gravures. 3 50

Nivière.

Drainage (Moyen d'obtenir du) tout son effet utile. . . » 75

Thackeray.

Drainage (Philosophie et art du). 96 p. 2 50

Vignotti.

Irrigations du Piémont et de la Lombardie. 1 vol. in-18 de 94 pages. . . . . » 75

Villeroy (F.)

Voir Muller (A.) et Villeroy (F.)

Virebent.

Drainage rendu facile. 40 p. in-8 et 3 pl. 1 25

CONSTRUCTIONS, INSTRUMENTS, ARTS AGRICOLES

Casanova.

Charrue (Manuel de la). 1 vol. in-18 de 176 p. et 83 gr. 1 75

Damey.

Machines à battre (Le conducteur de). 1 vol. in-18 de 108 pages. 1 50

Grandvoinnet.

Constructions rurales. Les bergeries. Dispositions diverses, constructions, matériel meublant. 1 vol. in-12, 314 pages, orné de 169 gravures dans le texte. . . . . 5 »

Kergorlay (De).

Ferme de Canisy. 24 p. in-4 et 52 grav. . . . . 1 »

Labourage (à vapeur, etc.).

Labourage (Du) à vapeur et des labours profonds en 1867. Résultats du concours international de Petit-Bourg. 1 vol. de 96 pages in-8 avec 14 gravures. . . . . 3 fr.

Leclerc (P.)

Matériel et procédés des exploitations rurales et forestières. Exposition universelle de 1867 à Paris. 1 vol. gr. in-8, 432 p., 59 fig. dans le texte et 7 planches. . . . . 4 »

Machines, etc.

Machines à moissonner. Rapport du jury sur le concours de 1859, 64 pages grand in-8, 34 gravures. . . . . 1 »

PEPIN-LEHALLEUR.

Labourage à vapeur. Concours international de Roanne, rapport du jury. In-8 de 49 pages . . . . » 50

PLANET (DE).

Machines à battre (La vérité sur les). In-18 de 256 p. 2 »

SAINT-MARTIN.

Chemins ruraux (Des). 1 brochure in-8 de 60 p. . . . 2 »

TOUAILLON.

Meunerie (La), la boulangerie, la biscuiterie, la vermicellerie, l'amidonnerie, la féculerie, etc. 1 vol. in-18 de 452 p. . . . . 5 »

ANIMAUX DOMESTIQUES — MÉDECINE VÉTÉRINAIRE

AYRAULT.

Industrie (De l') mulassière en Poitou, ou étude de la race chevaline mulassière, de l'âne, du baudet et du mulet. 1 vol. in-12 de 200 pages et 3 planches. . . . . 3 »

BENION.

Races canines (Les). Origine, transformations, élevage, amélioration, croisement, éducation, utilisation au travail, rage, maladies, taxes, etc., 1 vol. in-12 de 260 pages, orné de 12 grav. 3 50

BORIE (Victor).

Animaux de la ferme, par Victor Borie. — ESPÈCE BOVINE.

Ce volume, grand in-4, contient 46 aquarelles dessinées d'après nature, 65 gravures noires intercalées dans le texte et 332 pages imprimées avec luxe, cartonné. . . . . 85 »

Richement relié. . . . . 100 »

CHARLIER.

Ferrure périplantaire (Principes de la), dite ferrure Charlier, appliquée au cheval et au bœuf de travail. In-8, 16 p. et 14 fig. » 75

DAIGNAUD.

Race bovine du Limousin (Amélioration de la). 1 vol. in-18 de 106 pages. 1 50

DAMPIERRE (DE).

Races bovines. (Bibl. du Cult.) 2e édit. 196 pages et 28 gr. 1 25

DULIÉGE.

Quelques mots sur la tonte du cheval au point de vue de l'hygiène. Brochure in-8. . . . . 0 75

FLAXLAND (J.-F.).

Études sur l'élevage, l'entretien et l'amélioration de la race bovine en Alsace. 124 p. in-8. . . . . 2 »

GAYOT.

Cheval (Achat du). (Bibl. du Cultiv.) 1 vol. de 216 pages et 25 grav. 1 25

Chevaline (La France). 1re partie : *Institutions hippiques.* 4 vol. in-8. . . . . 26 »

2e partie : *Etudes hippologiques.* 4 vol. . . . . 26 »

Lièvres, lapins et léporides. (Bibl. du Cultiv.) 216 p. et 16 grav. 1 25

Mouches et vers. 1 vol. in-12 de 218 p. orné de 33 vign. 3 50

Poules et œufs. (Bibl. du Cultiv.) 1 v. de 216 pag. 1 25

Sportsman (Guide du), ou traité de l'entraînement. 1 vol. in-18 de 376 pages avec 12 gravures. 4e édition. 3 50

GEOFFROY SAINT-HILAIRE.

Animaux utiles (Acclimatation et domestication des). 4e édition. 1 beau vol. in-8 de 534 pages et 47 gravures. . . . 9 »

GOUX.

Race bovine garonnaise. 1 vol. in-8 de 80 pages. 1 50

GOYAU.

Une conférence sur le commerce des chevaux. 1 vol. de 60 p. in-8. . . . . 0 50

GUYTON.

Ferrure de Miles (Exposé analytique de la). In-8 de 16 p. et 1 pl. . . . . 1 »

HAYS (DU).

Cheval percheron. (Bibl. du Cultiv.) 1 vol. de 176 p. . 1 25

Merlerault (Le), ses herbages, ses éleveurs, ses chevaux. 1 vol. in-18 de 182 pag. . . . . 3 »

HERD BOOK FRANÇAIS.

Registre des animaux de pur sang, de la race bovine courtes cornes améliorée, dite race de Durham, nés ou importés en France, publié par ordre du Ministre de l'agriculture, du commerce et des travaux publics.

Tome II. 1 vol. in-8, de 521 pages. 1858 . . . . 5 »
Tome III. 1 vol. in-8, 398 pages. 1862 . . . . 5 »
Tome IV. En 2 volumes in-8, 1866. . . . . 10 »
Tome V. 1 vol. in-8. 656 p.. . . . . 5 »

HEUZÉ (G.).

Porc (Le). 1 volume in-12 de 334 pages avec 56 grav. . . 3 50

JACQUE (Ch.).

Poulailler (Le). 2e édit. 1 vol. in-12 et 120 grav.. . . . . . 3 50

JUILLET.

Chevaline (Emancipation de l'industrie). In-8 . . 1 50

LAMORICIÈRE (Général DE).

Chevaline (De l'espèce) en France. 1 vol. in-4 de 312 pag. et 3 cartes coloriées.. 3 50

LE CONTE.

De l'Avenir de la race charolaise dans le Roannais. Br. in-8.. . . . . 0 50

LEFOUR.

Animaux domestiques. (Bibl. du Cultiv.) 1 vol. in-18 de 162 pages et 33 grav.. . . . . 1 25

Cheval, âne et mulet. (Bibl. du Cult.) 1 vol. de 180 pag. et 141 gravures. 1 25

Mouton (Le). 1 vol. in-18 de 390 p. et 76 grav.. . . . . . 3 50

Race flamande. 1 volume in-4 de 216 pages, avec 114 gravures noires et 4 pl. coloriées. (Édition de l'Imprimerie nationale.). 20 »

2.

Production et fixation des variétés dans les végétaux, 1 v. in-8 à 2 col. de 72 p. avec 13 gr. sur bois et 2 pl. color. 2 50

CÉRIS (DE).

Jardins et parcs. (Bibl. du Jard.) 1 vol. in-18 avec 60 grav. 1 25

CHABAUD.

Végétaux exotiques cultivés en plein air dans la région des orangers Brochure in-8 de 48 pages. . . . . 1 fr.

DECAISNE ET NAUDIN.

Manuel de l'amateur de jardins. Traité général d'horticulture en 4 parties, formant 4 volumes in-12. Prix de chaque partie. 7 50

DELCHEVALERIE.

Plantes de serre chaude et tempérée. 1 vol. in-12. (Bibl. du Jardin.) 156 p. et 9 gr 1 25

Orchidées. 1 vol. in-12, avec 32 figures. (Bibl. du Jard.). . . 1 25

DUMAS (A.).

Culture maraîchère pour le midi de la France, contenant le calendrier horticole. 2e édition. 1 vol. in-18 de 144 pages. (Bibliothèque du Jardinier.). 1 25

DUPUIS.

Arbrisseaux et arbustes d'ornement de pleine terre. 1 v. (Bibl. du Jardin.) 122 p. et 25 grav.. . . . . 1 25

Arbres d'ornement de pleine terre. 162 p., 40 grav. (Bibl. du Jardinier.) 1 25

L'œillet, son histoire et sa culture. 140 pages. In-32. . . . . 1 »

DUVILLERS.

Parcs et jardins (Les), créés et exécutés par F. Duvillers, architecte paysagiste, paraissant par livraisons de deux planches in-folio avec texte.
Prix de chaque livraison. . . . . 5 »
Prix du 1er vol. (20 livraisons). . . . . 100 »

GAUDRY.

Arboriculture (Cours pratique d'). 1 v. in-12 de 304 p. 2 25

HARDY.

Arbres fruitiers (Taille et greffe des). 6e édition. 1 vol. in-8 et 122 gravures. 5 50

HÉRINCQ, JACQUES ET DUCHARTRE.

Plantes, arbres et arbustes (Manuel général des). Description et culture de 25,000 plantes indigènes d'Europe ou cultivées dans les serres, par MM. Hérincq et Jacques, ex-jardiniers en chef du domaine royal de Neuilly, pour les trois premiers volumes, et Duchartre, pour le quatrième volume. — 4 vol. petit in-8 à 2 colonnes. . . . . . 36 »

HUARD DU PLESSIS.

Noyer (Le). Traité de sa culture, suivi de la fabrication des huiles de noix. 2e édit. 1 v. in-18 de 175 p. et 45 gr. (Bibl. du Cultiv.) 1 25

JACQUIN.

Melon (Monographie complète du). 1 vol. in-8 de 200 pages et 33 planches sur acier. Prix. . . . . 5 »

JARDINS, etc.

Jardins (Traité de la composition et de l'ornementation des). 6e édition. 2 vol. in-4 oblong avec 168 planches gravées. 25 »

P. JOIGNEAUX.

Conférences sur le jardinage (légumes et fruits). 3e édit., (Bibl. du Jard.). 144 pages. 1 25

Le jardin potager. Ouvrage illustré de 95 dessins en couleur intercalés dans le texte. 1 beau vol. in-18 de 442 p. . . . 6 »

LABOURET.

Cactées (Monographie de la famille des), suivie d'un **Traité complet de culture** et d'une table alphabétique de toutes les espèces et variétés. 1 vol. in-12 de 732 pages. 7 50

LACHAUME.

Pêchers en espaliers (Conduite et taille des). 1 vol. in-18 de 212 pages et 40 gravures. . . . . 2 »

Poiriers et pommiers (Méthode élémentaire pour tailler et conduire les). 1 vol. in-18 de 285 p. et 49 grav. . . 2 50

Rosier, culture et multiplication. In-18, 172 pages et 54 grav. 1 25

LAMY.

Des champignons. Guide indispensable pour acquérir, par des signes certains, la connaissance de leur qualité comestible ou vénéneuse. In-18, 68 pages et 4 pl. 1 50

LEBOIS.

Chrysanthème (Culture du). 36 pages in-12. . . . . . » 75

LECOQ.

Botanique populaire. 1 vol. in-18 de 408 p. et 215 grav. 3 50

Fécondation naturelle et artificielle des végétaux et hybridation. 1 vol. in-8 de 428 pages et 106 gravures. 7 50

LEMAIRE.

Cactées (Les), histoire, patrie, organes de végétation, inflorescence et culture, etc. (Bibl. du Jardin.) 140 p. et 11 grav. 1 25

Plantes grasses autres que cactées. (Bibl. du Jard.). 1 25

LE MAOUT ET DECAISNE.

Flore élémentaire des jardins et des champs, avec des Clefs analytiques conduisant promptement à la détermination des Famille et des Genres, et un Vocabulaire des termes techniques. 2 vol. petit in-8 de 940 pages . . . . 9 »

LEROY (André).

Catalogue de André Leroy (d'Angers). 1 v. in-8 de 140 p. 1 »

Dictionnaire de pomologie, contenant l'histoire, la description, la figure des fruits anciens et des fruits modernes les plus généralement connus et cultivés. Tome I et II. Poires. 2 vol. grand in-8 d'ensemble 1390 pages. . . . . 20 fr.

LIRON (DE) D'AIROLLES.

Catalogue des arbres à fruits, cultivés dans les pépinières des Chartreux de Paris, en 1775. 1 brochure in-18 de 82 pages. . . 2 »

Notices pomologiques. 1re partie, épuisée.

2e partie : Coup d'œil sur l'arboriculture fruitière. 1 vol. . . . 2 50

Poiriers (Les) les plus précieux parmi ceux qui peuvent être cultivés à haute tige. 2e édit. 1 vol. in-8 avec pl. . . . . 2 »

LOISEL.

Asperge. Culture. (Bibl. du Jard.) 2e édit. 108 pages et 8 gr. 1 25

Melon. Culture. (Bibl. du Jard.). 5e édit. 108 pages et 7 gr. 1 25

MARX-LEPELLETIER.

Rosier — Violette — Pensée — Primevère — Auricule — Balsamine — Pétunia — Pivoine. (Bibl. du Jard.) 108 p. 1 25

MENET.

Arboriculture (Traité élémentaire et pratique d'). 1 vol. in-8 de 78 pages et 17 planches 2 50

MOREL.

Orchidées (Culture des). Instructions sur leur récolte, expédition et mise en végétation, et liste descriptive de 550 espèces. 1 vol. 5 »

NARDY, AINÉ.

Petit guide pour le Jardin maraîcher, 11 p. in-4 obl. » 50

NAUDIN.

Potager (Le), jardin du cultivateur. (Bibl. du Jardinier.) 187 pages, 31 gravures. 1 25

Serres et orangeries de plein air. 32 pages in-8. . . » 75

NOISETTE.

Jardinier (Manuel complet du). 4 vol. in-8 et un supplément formant ensemble 2170 pages et 25 planches. . . . . 25 »

PONCE (J.)

La culture maraîchère pratique des environs de Paris. 1 vol. in-18 de 320 p., orné de 16 pl. lith. 2 50

PRÉCLAIRE.

Arboriculture (Traité théorique et pratique d'). 1 vol. in-8 de 178 pages et 1 atlas in-4 de 15 planches. . . . . . . 5 »

PUVIS.

Arbres fruitiers. Taille et mise à fruit. (Bibl. du Jard.) 2e édition, 167 pages 1 25

RAFARIN.

Serres (Chauffage des). 1 vol. in-8, 26 grav. 3 50

RAOUL (Abbé).

Arboriculture (Manuel pratique d'). 1 vol. in-18 de 264 pag. et 10 gravures. 2 50

RÉMY.

Champignons et truffes. 1 v. in-18 de 172 p. et 12 pl. color. 3 50

Jardinier des fenêtres (Le), des appartements et des petits jardins. 1 v. in-18 de 280 p. et 40 gr. 4e édition. 3 50

RIONDET.

Olivier (L'). In-18 de 139 p. (Bibl. du Cultiv.) 1 25

THIBAUT.

Pelargonium. (Bibl. du Jardinier.) 2e édit. 108 p. et 10 gr. 1 25

VILMORIN-ANDRIEUX.

Fleurs de pleine terre (Les) comprenant la description et la culture des fleurs annuelles vivaces et bulbeuses de pleine terre. 3e édition illustrée de près de 1300 grav. in-12. 1572 p.. . . . . 12 »

VINCELOT (L'abbé).

Réhabilitation du Pic-Vert ou réponse aux observations d'un propriétaire sur l'utilité du Pic. 3e édit., gr. in-8, 96 pages. . 1 50

VIGNE — BOISSONS — DISTILLATION — SUCRE

BALTET.
Raisin (La coulure du). 1 broch. in-8 de 40 pages. . . . 1 »

BOUSCHET.
Les Raisins du verger, 1re livraison, les raisins de juillet et d'août, in-8, 35 p. . . . . 1 »

CARRIÈRE.
Vigne (La). 1 vol. in-18 de 396 p. et 121 grav. 3 50

COLLIGNON D'ANCY.
Vigne. Nouveau mode de culture et d'échalassement. 1 vol. in-8 de 200 pages et 3 planches. . . . . 3 »

GARNIER.
Vigne (Théorie pour l'amélioration de la culture de la). 1 vol. in-8 de 192 pages. . . . . 2 »

GIRET ET VINAS.
Chauffage des vins en vue de les conserver, les muter et les vieillir. 2e édition. 1 vol. in-12, 143 p. et fig. . . . 1 25

GUÉRIN-MENNEVILLE.
Maladie des vignes (La). Br. in-12 de 35 pages. . . . . » 50

GUILLORY AÎNÉ.
Calendrier du Vigneron. In-12, 120 pages et pl.. . . . . . 1 50

GUYOT (JULES).
Vigne (Culture de la) et vinification. 2e édition. 1 vol. in-18 de 426 pages et 30 gravures 3 50

Viticulture dans la Charente-Inférieure. 1 volume in-8 de 60 pages 2 50

Viticulture dans l'est de la France. 1 vol. in-18 de 204 p. et 46 gravures. 3 50

Viticulture du sud-ouest de la France. 1 vol. in-8 de 248 p. et 89 gravures. 4 50

HEUZÉ.
Vignes malades (Traitement des), rapport adressé au ministre de l'intérieur. In-8 de 72 pages. . . . . 1 »

JOBARD-BUSSY.
Vigne (Perfectionnement de la plantation de la). 1 vol. in-8 de 102 pages et 1 planche. 1 50

LE CANU.
Nouvelles études sur les raisins. In-8.. . . . . 1 »

LEUSSE (Comte DE).
Distillation agricole de la pomme de terre, des topinambours, etc., etc. 1 vol. in-18 de 154 pages. . . . . 2 »

MACHARD.
Vins (Traité pratique sur les). 4e éd. 1 v. in-18 de 359 p. 3 50

MARTIN (DE).
Appareils vinicoles (Les) en usage dans le midi de France. In-8 de 118 pages. . . . . 2 »

Les pressoirs au concours régional de Montpellier. Gr. in-8, 24 pages. . . . . 1 .

Appareil-Moniteur de coulage, de fermentation et de conservation rationnelle pour les vins. Br. in-8, 7 p. » 25

MICHAUX (A.).

Échalas (Plus d'). Échalas, paisseaux et lattes remplacés par des lignes de fil de fer mobiles. 18 pages et 1 planche . . . . . . » 40

ODART (Comte).

Ampélographie universelle, ou Traité des cépages les plus estimés. 5e édit. 1 vol. in-8 de 650 pages. 7 50

PERRET.

Trois questions sur le vin rouge. 9 p. in-8, 4 fig. » 50

SAINTPIERRE.

Les engrais chimiques appliqués à la culture de la vigne. br. gr. in-8. 1 »

SEILLAN.

Vins du Gers. 11 pages in-4 et 1 carte. 1

TERREL DES CHÊNES.

Vins (Pourquoi nos) dégénèrent. In-8 de 48 pages . . 1 »

VERGNE (DE LA).

Soufrage de la vigne (Instruction pratique sur le). 1 vol. in-18 de 82 pages et 1 planche. 1 50

VERGNETTE-LAMOTTE.

Vin (Le). 2e édition. 1 vol. in-18 de 400 p. avec 3 pl. en couleur et 31 grav. noires. 3 50

VIALLA

Le Phylloxera et la nouvelle maladie de la Vigne. In-8. 84 p. . . . . 1 »

VIGNIAL.

Vigne (Hygiène de la). Moyen de lui rendre la santé sans le secours d'aucun remède. In-8 de 39 pages et 4 planches. . . . 1 »

VINAS (Voy. GIRET.)

WINKLER.

Revue synoptique des principaux vignobles de l'univers. In-folio de 32 pages ou tableaux. . . . . 3 »

ABEILLES — MURIERS — SOIE — VERS A SOIE

BASTIAN (F.)

Abeilles (Les). Traité d'apiculture rationnelle et pratique. 1 v. in-18 orné de 49 gravures. 3 50

BLAIN.

Ver à soie du chêne (Notice pratique pour servir à l'éducation du). 1 brochure in-18 de 20 pages. . . . . . . 1 »

BOULLENOIS (DE).

Vers à soie (Conseils aux nouveaux éducateurs de). 2e édition. 1 vol. in-8 de 224 pages et 2 planches. 3 50

CHARREL.

Mûrier (Manuel du cultivateur de). 1 v. in-8 de 268 p. 1 75

CHAVANNES (DE).

Mûrier. Manière de cultiver le mûrier avec succès dans le centre de la France. 1 vol. in-8 de 130 pages. 1 25

Debeauvoys.
Apiculteur (Guide de l'). 6e édition. 1 vol. in-12 de 340 pages, avec fig. 2 50

Duseigneur.
Cocons et graines d'Italie. 16 pag. in-8. . . . . 1 »

Girard (Maurice).
Entomologie appliquée. Les insectes utiles (vers à soie et abeilles) et les insectes nuisibles. In-8 de 39 pages. 1 50

Givelet.
Ailante et son bombyx (L'). Culture de l'ailante, éducation du ver que cet arbre nourrit, valeur et emploi de la soie qu'on en tire. Ouvrage orné de plusieurs plans et de 14 planches coloriées. . 5 »

Lefèvre (Em.).
Abeilles à propos de la ruche Krug (Les). 1 vol. in-18 de 72 pages . . . . » 75

Masquard (Eug. de).
De l'éducation rationnelle des vers à soie et de la décentralisation de la sériculture en France, 20 pages gr. in-8. . . . » 75

Mona.
L'abeille italienne, instructions pratiques sur l'art d'italianiser les ruches communes et de les multiplier à peu de frais, au moyen d'une mère italienne. Brochure in-18, 45 p. 0 75

Personnat.
Ver à soie du chêne (Conférence sur le), (Bombyx Yama-maï); donnée au Palais de l'Industrie de Paris, le 28 août 1865. . . 1 »

Ver à soie du chêne (Le) à l'Exposition universelle de 1867. Insectes utiles vivants. Br. in-8 avec grav. . . . . . . 1 »

Ver à soie du chêne (Le), bombyx Yama-maï, son histoire, son acclimatation, son éducation, ses produits. 4e éd., in-8 avec 3 pl. col. 3 »

La sériciculture en Italie. Grand in-8, 22 p. . . . . . » 50

Roux.
Vers à soie (Les). 1 vol. in-12 de 245 pages. 1 25

Sagot (Abbé).
Petit traité spécial de la culture des abeilles avec l'Aumônière, ruche à cadres et greniers mobiles. In-18, figures . . 1 »

Société séricicole.
Société séricicole (Annales de la), pour la propagation et l'amélioration de l'industrie de la soie. 15 vol. grand in-8 et 15 planches. La collection complète. . . . . 175 »

Vers a soie.
Vers à soie. *Régénération. — Cause de l'épidémie. — Moyen de la combattre,* par un piocheur. 3e édition. In-8, 31 p. . . . . . . 2 »

BOIS — FORÊTS — CHARBON

Arbois de Jubainville (D').
Assolements forestiers (Utilité des). In-8 de 48 pages 2 »

Balivage (Règlement du) dans une forêt particulière. 1 brochure in-8 de 64 pages. . . . . 2 »

Défrichement des forêts (Manuel du). In-8 de 184 p. 4 50

Taillis sous futaie (Recherches sur les). In-8 de 57 pages et 2 pl. . . . . 2 »

Vente des forêts de l'État (Observations sur la). In-8. » 50

Observations sur le système d'élagage de Courval et des Cars. In-32, 16 pages. . . . . » 30

BURGER.

Chêne de marine (Principes de culture du). In-8 de 64 p. 1 50

CLAVÉ.

Économie forestière (Études sur l'). 1 volume in-18 de 380 pages. 3 50

COURVAL (Vicomte DE).

Arbres forestiers (Conduite et taille des). In-8 de 110 p. et 15 planches. . . . . 3 »

DUBOIS.

Charrue forestière, travaux de reboisement exécutés dans le Blésois. 1 brochure in-8 de 84 p. . . . . 2 »

Futaies de chêne (Considérations culturales sur les). 1 brochure in-8 de 42 pages 1 50

GRANDVAUX.

Reboisement des montagnes de France. In-8 de 50 p. » 75

GURNAUD.

Bois de l'État et la dette publique (Les). 16 p. » 75

Forêts de l'État (Conserver les) et réaliser le matériel surabondant. 1 brochure in-8 de 64 pages. . . . . 2 »

Forêts (Mémoire sur la gestion des). In-8 de 32 p. 1 50

Traité forestier pratique, Manuel du propriétaire de bois. 1 vol. in-18, 192 p. ou tabl. . . . . 2 »

Mémoire de la commune de Syam à l'appui d'un pourvoi contre l'aménagement de ses forêts. In-8, 64 p. et 12 t. 2 50

Étude des forêts du Risour faite sur la demande des communes propriétaires. In-8, 88 p. et 3 pl. 2 50

JOUBERT.

Reboisement de la France (Du). In-8. . . . . 1 50

LYON.

Éléments de procédure correctionnelle à l'usage des agents forestiers. In-8 de 27 pages. . . . . 1 »

MOITRIER.

Osier (Culture de l'), et art du vannier. 2ᵉ édition. 60 pages et 3 planches. 2 50

RIBBE (DE).

Provence (La), au point de vue des bois, des torrents et des inondations. 1 vol. in-8 de 200 pages. . . . . 3 »

Des incendies des forêts dans la région des Maures et de l'Esterel (Provence). Leurs causes; leur histoire; moyens d'y remédier. 2ᵉ édition, refondue par l'auteur. 1 vol. grand in-8. 140 pages. . . . . . 3 fr.

Réponse à l'enquête sur les incendies des forêts des Maures. (Société forestière des Maures, Var). In-8. 92 pages. . . . . . 2 fr.

ROUSSET.

Études de maître Pierre sur l'agriculture et les forêts. 1 volume in-18 de 92 pages. . . . . 1 »

SAMANOS.

Pin maritime (Culture du). 1 volume in-8 de 150 pages et 4 planches. . . . . 3 »

THOMAS.

Bois (Traité général de la culture et de l'exploitation des). 2 volumes in-8. . . . . 10 »

Vincelot (L'abbé).
Réhabilitation du Pic-Vert ou réponse aux observations d'un propriétaire sur l'utilité du Pic. 4e édit. in-8, 96 p. 1 50

ÉCONOMIE DOMESTIQUE — CUISINE

Bréviaire des gastronomes. Aide-mémoire pour ordonner les repas. 1 volume in-16 de 186 pages. . . . . 1 »
Cuisinière de la campagne et de la ville (La), par L. E. A. 1 volume in-12 avec figures. 42e édition. . . . . 3 »
Delamarre.
Vie à bon marché (La). 2e édit. 1 vol. in-12 de 708 p., 3 50
Emion (V.).
Taxe (La) du pain, avec préface par V. Boric. In-8 de 108 p. 4 fr.
Leclerc.
Caisse d'épargne et de prévoyance. Lettres à un jeune laboureur. 3e édition. In-12 de 60 pages. . . . . » 25
Martin (De).
Fromages (Etudes sur la fabrication des), fermentation caséique. Grand in-8 de 60 pages. 1 50
Michaux (Mme).
La cuisine de la ferme. 1 vol. in-18 de 180 p. (Bibl. du Cult.) 1 25
Millet-Robinet (Mme).
Économie domestique. (Bibl. du Cultiv.) 14e édition, 245 pages et 79 gravures 1 25
Conseils aux jeunes femmes. Vol. in-18 de 284 p. et 30 gr. 3 50
Maison rustique des dames. 2 volumes in-12, formant 1,400 pag. avec 269 gravures. 8e édition, revue et augmentée 7 75

CET OUVRAGE EST DIVISÉ EN QUATRE PARTIES

Tenue du ménage : Travaux. — Repas. — Comptabilité. — Dépenses. Mobilier. — Linge. — Conserves. — Blanchissage.
Cuisine : Potages. — Sauces. — Viandes — Poissons. — Gibier. — Légumes. — Fruits. — Purées. — Entremets. — Desserts. — Bonbons.
Médecine domestique : Pharmacie. — Hygiène. — Maladies des enfants. Médecine et chirurgie. — Empoisonnement. — Asphyxie.
Jardin. — Ferme : Jardins, potagers, fruitiers, fleurs. — Ferme, travaux des champs, basse-cour, vacherie, laiterie, bergerie, porcherie.

Prix : broché, 7 fr. 75 ; demi-reliure, 10 fr. 75 ; demi-reliure tr. dor., 12 fr. 75.
Maison rustique des Enfants. 1 vol. in-4 de 320 p.; nombr. fig. dans le texte et hors texte. Prix broché. . . . . 15 »
Percaline, tr. dorées. . . . . 18 »
Richement relié. . . . . 20 »
Monmarson (Mme Inéis).
De l'éducation et de l'instruction des enfants à la campagne. 2e édition. In-8, 416 pages. . . . . 4 »
Thomas.
Manuel des halles et marchés en gros. Guide de l'approvisionneur, de l'acheteur et des employés aux divers services de l'alimentation de Paris. 1 vol. in-12 de 316 pages. . . . . 3 »
Vacca (E.).
Fromages dits de géromé (Fabrication des). Br. in-8. » 50
Villeroy.
Laiterie, beurre et fromages. In-18 de 390 p. et 59 grav. 3 50

JOURNAUX — PUBLICATIONS PÉRIODIQUES

9e ANNÉE. = 1872

GAZETTE DU VILLAGE

Fondée par VICTOR BORIE

PARAISSANT TOUS LES DIMANCHES

Prix d'abonnement, rendu *franco* à domicile : un an. . . 6 fr.
— — six mois. . 3 fr. 50

Les Abonnements partent du 1er janvier au 1er juillet de chaque année

10 centimes le numéro

Ce journal, contenant 8 pages à deux colonnes, format des journaux littéraires illustrés, publie, chaque semaine, des articles ayant pour but de mettre à la portée de toutes les intelligences les notions élémentaires d'économie rurale, les meilleures méthodes de culture, les inventions nouvelles; de faire connaître les principales industries et les procédés employés par elles ; de populariser les voyages entrepris dans des contrées lointaines; de raconter la vie des hommes utiles à l'humanité, et de tenir enfin les lecteurs au courant de tout ce qui se passe d'intéressant dans le monde industriel et agricole.

Il donne, en outre, un grand nombre de faits, recettes, procédés divers utiles aux cultivateurs et aux ouvriers.

Une partie du journal, consacré aux *lectures du soir*, contient un roman choisi avec la sollicitude la plus scrupuleuse.

Instruire et moraliser sans ennui, tel est le programme de la *Gazette du village*.

En vente :	1re année 1864.	4 »
	2e — 1865.	4 »
	3e — 1866.	4 »
	4e — 1867.	4 »
	5e — 1868 (épuisée)	» »
	6e — 1869 (id.).	» »
	7e et 8e années 1870-1871.	6 »

On s'abonne à Paris, rue Jacob, 26, en envoyant un mandat de SIX francs sur la poste. (Les frais de ce mandat ne sont que de 6 centimes.)

44e ANNÉE — 1872

REVUE HORTICOLE

JOURNAL D'HORTICULTURE PRATIQUE

FONDÉE EN 1829 PAR LES AUTEURS DU BON JARDINIER

Rédacteur en chef : E. Carrière
Chef des pépinières au Muséum d'histoire naturelle

PRINCIPAUX COLLABORATEURS:

D'Airolles, André, Bailly, Baltet, J. Batise, Boncenne, Bossin, Briot, Carbou, Clémenceau, Delchevalerie, Denis, Dumas, Dubreuil, Ermens, Faudrin, Gagnaire Glady, Groenland, Hardy, Hélye, Houllet, Kolb, Lachaume, de Lambertye, Lambin, Lanjoulet, André Leroy, L. Lhérault, Martins, C. Minuit, Nardy, Naudin, L. Neumann, d'Ounous, Pépin, V. Pulliat, Quetier, Rafarin, Rivière, Robine, Roué, O. Thomas, Truffaut, Verlot, Vilmorin, A. Wesmael, Weber, etc.

PRIX DE L'ABONNEMENT POUR LA FRANCE ET L'ALGÉRIE

Un an (janvier à décembre) : 20 fr.

La **Revue horticole** est envoyée *franco* contre le payement du montant de l'abonnement, d'une des trois façons suivantes :

Envoi d'un mandat sur la poste		Envoi en timbres-poste		Envoi de l'autorisation à M. l'Administrateur de faire traite	
Un an. . . .	**20 »**	**Un an. . . .**	**20 80**	**Un an. . . .**	**20 90**
Six mois. .	**10 50**	**Six mois.. .**	**10 50**	**Six mois.. .**	**11 40**

Adresser les mandats de poste, timbres-poste, autorisations de traite, à l'Administration de la Revue, 26, rue Jacob, à Paris.

PRIX DE L'ABONNEMENT D'UN AN POUR L'ÉTRANGER

Franco jusqu'à destination.		*Franco jusqu'à leur frontière.*	
Italie, Belgique et Suisse. . . .	20 fr.	Grèce.	23 fr
Angleterre, Egypte, Espagne, Pays-Bas, Turquie, Allemagne, Autriche.	23	Suède.	25
Colonies françaises, Montevideo, Uruguay.	25	Pologne, Russie.	25
Brésil, Iles Ioniennes, Moldo-Valachie.	26	Buenos-Ayres, Canada, Colonies anglaises et espagnoles, Etats-Unis, Mexique.	25
Portugal.	24	Bolivie, Chili, Nouvelle-Grenade, Pérou, Java.	29

N. B. — La *Librairie agricole* envoie un numéro spécimen de la *Revue horticole* à toute personne qui lui en fait la demande.

36e ANNÉE — 1872

JOURNAL
D'AGRICULTURE PRATIQUE

MONITEUR DES COMICES, DES PROPRIÉTAIRES ET DES FERMIERS

(Seconde partie de la *Maison rustique du dix-neuvième siècle*)

Fondé en 1837 par Alexandre Bixio

Rédacteur en chef : E. LECOUTEUX
Propriétaire-Agriculteur
MEMBRE DE LA SOCIÉTÉ CENTRALE D'AGRICULTURE DE FRANCE

Secrétaire de la rédaction : M. A. de CÉRIS

PRINCIPAUX COLLABORATEURS :

MM. Boussingault, Brongniart,
Ch. Sainte-Claire Deville, Drouyn de Lhuys, Duchartre, Dumas,
Michel Chevalier, Naudin, Wolowski, etc.,
Membres de l'Institut,

MM. Amédée Durand, Béhague (de), Bella, Borie,
Bouchardat, Dampierre (de), Gayot, Guérin-Menneville, Heuzé
Magne, Moll, Nadault de Buffon, Reynal, Robinet,
Vibraye (de), Vogüé (de), etc.,
Membres de la Société centrale d'agriculture de France

Et un nombre considérable d'agriculteurs, de savants, d'économistes, d'agronomes de toutes les parties de la France et de l'étranger.

Ce journal traite les matières d'économie politique et sociale. Il paraît toutes les semaines par livraison de 48 pages in-8

FORMANT CHAQUE ANNÉE

DEUX BEAUX VOLUMES ENSEMBLE DE 1,700 PAGES

Avec de belles gravures noires dans le texte

PRIX DE L'ABONNEMENT POUR LA FRANCE ET L'ALGÉRIE

Le **Journal d'agriculture pratique** est envoyé *franco* contre le payement du montant de l'abonnement d'une des trois façons suivantes :

Envoi d'un mandat sur la poste		Envoi en timbres-poste		Envoi de l'autorisation à M. l'Administrateur de faire traite	
Un an. . . .	**20 »**	**Un an. . . .**	**20 80**	**Un an. . .**	**20 90**
Six mois. . .	**10 50**	**Six mois. . .**	**10 90**	**Six mois. . .**	**11 40**

Adresser les mandats de poste, timbres-poste, autorisations de traite à l'Administration du journal, 26, rue Jacob, à Paris.

PRIX DE L'ABONNEMENT D'UN AN POUR L'ÉTRANGER

Franco jusqu'à destination.		*Franco jusqu'à leur frontière.*	
Italie, — Belgique et Suisse. .	20 fr.	Grèce, — Suède.	28 fr.
Angleterre, — Egypte, — Espagne, — Pays-Bas, — Turquie.	25	Pologne, — Russie.	32
Allemagne, — Autriche, — Portugal.	27	Buenos-Ayres, — Canada, — Colonies anglaises et espagnoles, — Etats-Unis, — Mexique, — Bolivie, — Chili, — Nouvelle-Grenade, — Pérou, — Java. .	35
Colonies françaises, — Montevideo, — Uruguay.	30		
Brésil, — Iles Ioniennes, — Moldo-Valachie.	33		

N. B. L'administration envoie un numéro spécimen du *Journal d'agriculture pratique* à toute personne qui lui en fait la demande.

La *Culture* fondée en 1859 par M. A. Sanson, *Journal des fermes et des châteaux, écho des comices et des associations agricoles de France et de l'étranger*, rédacteur en chef : M. J. Pelletan.

Paraît le 1er et le 16 de chaque mois.

Prix de l'abonnement : 12 fr. par an, pour toute la France.

POUR L'ÉTRANGER, LES FRAIS DE POSTE EN SUS.

ENSEIGNEMENT PRIMAIRE AGRICOLE

BIBLIOTHÈQUE AGRICOLE DES ÉCOLES PRIMAIRES

à 75 centimes le volume

BONCENNE.
'orticulture (Cours élémentaire d'). 2 vol. in-18, formant ensemble 312 pages avec 85 grav. 1 50

BORIE (V.)
Jeudis de M. Dulaurier (Les). 2 vol. in-18 de chacun 126 pages et 40 gravures. 1 50

J. CHALOT.
Devoirs de l'homme envers les animaux. In-16 de 128 p. » 75

DOUAY (EDM.)
Grammaire française raisonnée, avec exemples agricoles. 1 vol. in-18 de 128 pages . . . . » 75
Alphabet et syllabaire. 1 vol. in-16, orné de vignettes . » 75
Tableau alphabet. In-plano. . . . . » 35

HEUZÉ (G.).
Lectures et dictées d'agriculture, revues et annotées. 1 vol. in-18 de 128 pages. » 75

LAURENÇON (C.)
Traité d'agriculture élémentaire et pratique. 2 vol. in-18 avec figures 1 50

LEFOUR.
Arithmétique agricole. In-16 de 128 p., avec gr.. . . . . . . » 75

MEPLAIN ET TAIZY.
Histoire du grand Jacquet, métayer, livre de lecture. 1 vol. in-18, avec gravures.. . . . . » 75

VIDAL.
Loisirs (Les) d'un instituteur. 1 vol. in-8, 128 p. . . » 75

Sept tableaux muraux pour l'enseignement agricole. 1° Outils de main-d'œuvre; — 2° Instruments d'extérieur de ferme; 3° Instruments d'intérieur de ferme; — 4° Plantes alimentaires et industrielles; — 5° Plantes fourragères; — 6° Arbres fruitiers et forestiers; — 7° Animaux domestiques.

Chaque feuille ou tableau, 30 cent.; — les sept tableaux, 1 fr. 80 c. — port en sus pour la province.

VILLE (GEORGES).
École (L') des engrais chimiques. Premières notions de l'emploi des agents de fertilité. In-12, 100 p. et 1 pl. . . . . 1 »

HALPHEN.
Lectures choisies pour les campagnes. In-18, 106 p. » 50

BIBLIOTHÈQUE DU CULTIVATEUR

Publiée avec le concours du Ministre de l'agriculture

39 volumes in-18, à 1 fr. 25 le volume

Agriculteur commençant (Manuel de l'), par Schwerz, traduit par Villeroy. 5e édit., 332 pages. 1 25
Agriculteurs illustres (Les), par Paul Heuzé, 128 p. 9 gr. 1 25
Animaux domestiques, par Lefour. 1 vol. in-18 de 162 pages et 33 gravures. 1 25
Basse-cour, pigeons et lapins, par Mme Millet-Robinet. 5e édit. 180 p., 31 gravures. 1 25
Bêtes à cornes (Manuel de l'éleveur de), par Villeroy. 300 pages et 60 gravures. 1 25
Calendrier du métayer, par Damourette. 180 p.. . . . . 1 25
Champs et prés (Les), par Joigneaux. 140 pages. 1 25
Cheval (Achat du), par Gayot. 1 vol. de 180 pages et 25 grav. 1 25
Cheval, âne et mulet, par Lefour. 1 vol. de 176 p., 141 gr. 1 25
Cheval percheron, par du Hays. 176 pages. 1 25
Chimie du sol, par le Dr Sacc. 1 vol. in-18. . . . . 1 25
Chimie des végétaux, par le Dr Sacc. 1 vol. in-18.. . . . 1 25
Chimie des animaux, par le Dr Sacc. 1 vol. in-18.. . . . 1 25
Choux (culture et emploi), par Joigneaux. 1 vol. in-18 de 180 pages et 14 gravures. 1 25
Comptabilité et géométrie agricoles, par Lefour. 214 pages et 104 gravures.. . . . . 1 25
Cuisine (La) **de la ferme**, par Mme Michaux. 180 pages. . 1 25
Culture générale et instruments aratoires, par Lefour. 1 vol. in-18 de 160 pages et 135 gravures. 1 25
Économie domestique, par Mme Millet-Robinet. 3e édit. 245 pages et 78 gravures.. . . . . 1 25
Engraissement du bœuf, p. Vial. 1 v. in-18 de 100 p. et 12 g. 1 25
Fermage (estimation, baux, etc.), par de Gasparin. 3e éd. 216 p. 1 25
Fumures et des étendues de fourrages (Les formules des), par Gustave Heuzé. 2e édition. 68 pages.. . . . . . . 1 25
Houblon, par Erath, traduit par Nicklès. 136 pages et 22 grav. 1 25
Lièvres, lapins et léporides, par Eug. Gayot. 216 p., 15 g. 1 25
Maréchalerie ou **Ferrure des animaux domestiques**, par Sanson. 1 vol. de 180 pages et 27 grav.. . . . . 1 25
Médecine vétérinaire (Notions usuelles de), par Sanson. 1 vol. de 180 pages et 13 grav.. . . . . 1 25
Métayage, par de Gasparin. 2e édition. 162 pages. 1 25
Moutons (Les), par A. Sanson. 1 vol. in-18 de 180 p. et 56 gr. 1 25
Noyer (Le), sa culture, par Huard du Plessis. 2e édit. 1 vol. in-18 de 175 pages et 45 gravures. 1 25
Olivier (L'), par Riondet. 1 vol. de 139 pages.. . . . . . . 1 25
Pigeons, dindons, oies et canards, par Pelletan, 1 vol. avec 20 figures.. . . . . 1 25
Plantes oléagineuses (Les), par Gustave Heuzé. 1 vol. in-18, 180 pages, nombr gravures. 1 25
Porcherie (Manuel de la), par L. Léouzon. 1 vol. in-18. 180 p. et 37 gravures. 1 25
Poules et œufs, par E. Gayot. 1 vol. de 208 pages et 35 gr. 1 25
Races bovines, par Dampierre. 2e édit. 196 pages et 28 gr. 1 25

Sol et engrais, par Lefour. 180 pages et 54 gravures 1 25
Stations agronomiques et laboratoires agricoles, par L. Grandeau. In-18, 136 p., 12 grav. 1 25
Tabac (Le), moyens d'améliorer sa culture, par Schlœsing et Grandeau. 1 vol. avec tableaux 1 25
Travaux des champs, par Victor Borie. 188 p. et 121 gr. 1 25
Vaches laitières (Choix des), par Magne. 144 p. et 39 gr. . 1 25

SOUS PRESSE :

Chèvre (La), par Huard du Plessis.
Huiles de graines et tourteaux, par Huard du Plessis.
Chacun de ces volumes est vendu séparément.

BIBLIOTHÈQUE DU JARDINIER

Publiée avec le concours du Ministre de l'agriculture

19 volumes in-18 à 1 fr. 25 le volume

Arbres fruitiers. Taille et mise à fruit, par Puvis. 2e édition. 167 pages. 1 25
Arbres d'ornement de pleine terre, par Dupuis. In-18, 162 p., 40 grav. 1 25
Arbrisseaux et arbustes d'ornement de pleine terre, par Dupuis. 122 p. et 25 grav. 1 25
Asperge. Culture, par Loisel. 2e édit. 108 p. et 8 grav. 1 25
Cactées (Les), par Ch. Lemaire. 140 p., 11 grav. 1 25
Conférences sur le jardinage (légumes et fruits), 2e édition, par Joigneaux. 152 pages 1 25
Culture maraichère pour le midi de la France, par A. Dumas. 2e édition. 144 pages 1 25
Jardins et parcs, par de Céris. 1 vol. in-18 avec 60 grav. . 1 25
Melon. Culture, par Loisel. 5e édition. 108 pages et 7 grav. . . . 1 25
Orchidées, par Delchevalerie. 1 vol., avec 32 figures. 1 25
Pelargonium, par Thibaut. 2e édit. 108 pag. et 10 grav. . . 1 25
Pépinières, par Carrière. 148 pages et 30 gravures. 1 25
Pétunia — Rosier — Pensée — Primevère — Auricule — Balsamine — Violette — Pivoine, par Marx-Lepelletier. 108 pages 1 25
Plantes bulbeuses, espèces. races et variétés. par Bossin. 2 vol. in-18. . . . . 2 50
Plantes grasses autres que Cactées, par Ch. Lemaire. 1 25
Plantes de serre chaude et tempérée, par Delchevalerie. 1 25
Potager (Le), jardin du cultivateur, par Naudin. 187 p., 34 gr. 1 25
Rosier, culture et multiplication par Lachaume. In-18, 172 p. et 34 grav. 1 25

SOUS PRESSE :

Conifères (Les), par Dupuis.
Fraisiers, framboisiers, groseilliers, par Robine aîné.
Plantes grimpantes, par Verlot.

TABLE ALPHABÉTIQUE DES NOMS D'AUTEURS.

L'astérisque indique la répétition du nom de l'auteur dans la même page

PARIS. — IMP. SIMON RAÇON ET COMP., RUE D'ERFURTH, 1.

EXTRAIT DU CATALOGUE DE LA LIBRAIRIE AGRICOLE

JOURNAL D'AGRICULTURE PRATIQUE. Rédacteur en chef, M. E. Lecouteux. — Une livraison de 48 pages in-8, paraissant tous les jeudis, avec de nombreuses gravures noires. — Un an (France et Algérie). 20

REVUE HORTICOLE. Rédacteur en chef, M. E.-A. Carrière. — Un numéro de [illegible] pages in-8, avec gravures coloriées et gravures noires, paraissant les 1er et les 16 de chaque mois. — Un an. . . . .

BON FERMIER (Le), par Barral et, pour les nouveautés agricoles de l'année, par MM. Allix, de Céris, Gayot, Grandeau, Granvoinnet, Heuzé, Liebert, Eug. Marie, Rampon-Lechin et Ronna. 1 vol. in-12 de 1,448 pages et 100 gravures. 7

BON JARDINIER (Le), almanach horticole, par MM. Poiteau, Vilmorin, Bailly, Naudin, Neumann, Pepin. 1 vol. in-12 de 1,616 pages. . . . . 7 fr.

BIBLIOTHÈQUE DU CULTIVATEUR, publiée avec le concours du Ministre de l'Agriculture

39 volumes in-18, à 1 fr. 25 le volume

Agriculteur commençant (Manuel de l'), par Schwerz, traduit par Villeroy. 5e édition, 332 pages.

Agriculteurs illustres (Les), par Paul Heuzé. 128 pages, 9 gravures.

Animaux domestiques, par Lefour. 1 vol. in-18 de 162 pages et 57 gravures.

Basse-cour, pigeons et lapins, par madame Millet-Robinet. 5e édition. 180 pages, 31 gravures.

Bêtes à cornes (Manuel de l'éleveur de), par Villeroy, 300 pages et 60 gravures.

Calendrier du métayer, par Damourette. 180 pages.

Champs et prés (Les), par Joigneaux. 140 pages.

Cheval (Achat du), par Gayot. 1 vol de 180 pages et 25 gravures.

Cheval, âne et mulet, par Lefour. 1 vol. de 176 pages et 141 gravures.

Cheval percheron, par du Hays. 176 pages.

Chimie du sol, par le docteur Sacc. 1 vol. in-18.

Chimie des végétaux, par le docteur Sacc. 1 vol. in-18.

Chimie des animaux, par le docteur Sacc. 1 vol. in-18.

Choux (Culture et emploi [illegible]), par Joigneaux. 1 vol. in-18 de 180 pages et 14 gravures.

Comptabilité et géométrie agricole, par Lefour. 216 pages et 104 gravures.

Cuisine (La) **de la ferme**, par madame Michaux. 180 pages.

Culture générale et instruments aratoires, par Lefour. 1 vol. in-18 de 180 pages et 135 gravures.

Économie domestique, par madame Millet-Robinet. 4e édition, 245 pages et 78 gr.

Engraissement du bœuf, par Vial. 2e éd. In-18 de 100 pages et 12 gravures.

Fermage (estimation, plan d'amélioration, baux), par de Gasparin, membre de l'Institut, ancien ministre de l'agriculture. 5e édition, 176 pages.

Fumures et des étendues de fourrages (Les formules des), par Gustave Heuzé. 2e édition. 68 pages.

Houblon, par Erath, traduit par Nicklès. 136 pages et 22 gravures.

Lièvres, lapins et léporides, par Eugène Gayot. 216 pages, 15 gravures.

Maréchalerie ou **Ferrure des animaux domestiques**, par Sanson. 1 vol. de [illegible] et 27 gravures.

Médecine vétérinaire (Notions usuelles de), par Sanson. 1 vol. de 180 pages et 15 gr.

Métayage, par de Gasparin. 2e édition. 162 pages.

Moutons (Les), par A. Sanson. 1 vol. in-18 de 180 pages et 56 gravures.

Noyer (Le), sa culture, par Huart du Plessis. 2e édition. 1 vol. in-18 de 175 p[illegible]

Olivier (L'), par Riondet. 1 vol. de 139 pages.

Pigeons, les oies et les canards (Les), par G. Pelletan, 180 pages et 21 gravures.

Plantes oléagineuses, par G. Heuzé. 1 vol. de 150 pages avec gravures.

Porcherie (Manuel de la), par L. Léouzon. 1 vol. in-18, 180 pages et 37 gravures.

Poules et œufs, par E. Gayot, 1 vol. de 208 pages et 35 gravures.

Races bovines, par Dampierre. 2e édition. 196 pages et 28 gravures.

Sol et engrais, par Lefour. 180 pages et 54 gravures.

Stations agronomiques et laboratoires agricoles, par [illegible] 12 gravures.

Tabac (Le), moyen d'améliorer sa culture, par Sch[illegible]

Travaux des champs, par Victor Borie. 188 p[illegible]

Vaches laitières (Choix des), par Magne. 140 pa[illegible]

PARIS. — IMP. SIMON RAÇON ET COMP., RUE D'ERFURTH, 1.

www.ingramcontent.com/pod-product-compliance
Ingram Content Group UK Ltd.
Pitfield, Milton Keynes, MK11 3LW, UK
UKHW022001260726
13994UKWH00004B/1899

9 782329 456355